Ernst Probst

Die ersten Bauern in Österreich

Die Linienbandkeramische Kultur
vor etwa 5.500 bis 4.900 v. Chr.

Den Wiener Prähistorikern
Dr. Elisabeth Ruttkay (1926–2009, Foto links) und
Professor Dr. Johannes-Wolfgang Neugebauer (1949–2002, Foto rechts)
gewidmet, die mich bei meinen Büchern über die Steinzeit und Bronzezeit
unterstützt haben

Impressum:
Die ersten Bauern in Österreich
1. Auflage als Printbuch: Dezember 2020
Autor: Ernst Probst
Im See 11,
55246 Mainz-Kostheim
Telefon: 06134/21152
E-Mail: ernst.probst (at) gmx.de
Herstellung: Amazon Distribution GmbH, Leipzig
Alle Rechte vorbehalten
ISBN: 979-8-576-52075-6

Inhalt

Vorwort / Seite 5

Die ersten Bauern in Österreich / Seite 7

Anmerkungen / Seite 36

Literatur / Seite 40

Der Autor / Seite 45

Bücher von Ernst Probst / Seite 46

Linienbandkeramiker bei der Ernte.
Bild: Gemälde von Fritz Wendler (1941–1995)
für das Buch „Deutschland in der Steinzeit" (1991)
von Ernst Probst

Vorwort

Die älteste Kultur der Jungsteinzeit steht im kleinen Taschenbuch „Die ersten Bauern in Österreich" im Mittelpunkt. Sie behauptete sich von etwa 5.500 bis 4.900 v. Chr. Wegen der bänderartigen Verzierungen ihrer Tongefäße bezeichnet man sie als Linienbandkeramische Kultur. In der vorhergehenden Mittelsteinzeit waren noch Jagd, Fischfang und Sammeln typisch, in der beginnenden Jungsteinzeit dagegen die Neuerungen Ackerbau, Viehzucht und Töpferei. Die ersten Bauern wohnten in bis zu 42 Meter langen Häusern, bauten Getreide und Gemüse an, hielten Rinder, Ziegen, Schafe, Schweine und Hunde als Haustiere, schufen Gefäße und Kunstwerke aus Ton sowie Werkzeuge aus Stein und Knochen, trugen Schmuck, betrieben Tauschgeschäfte, erlitten Angriffe, bestatteten ihre Toten meist unverbrannt, opferten Menschen und praktizierten Kannibalismus.

*Kunsthistoriker Friedrich Klopfleisch (1831–1898)
aus Jena.
Foto: Fotoarchiv des Bereichs für Ur- und Frühgeschichte
der FSU Jena
(via Wikimedia Commons),
Lizenz: gemeinfrei (Public domain)*

Die ersten Bauern in Österreich

Als erste Kultur der Jungsteinzeit mit den Neuerungen Ackerbau, Viehzucht und Töpferei trat in Österreich die nach den bänderartigen Verzierungen der Tongefäße benannte Linienbandkeramische Kultur (etwa 5.500 bis 4.900 v. Chr.) auf. Sie war vor allem in Niederösterreich, aber auch im Burgenland und in Oberösterreich verbreitet. In den übrigen Bundesländern behaupteten sich wahrscheinlich weiterhin mittelsteinzeitliche Jäger, Fischer und Sammler.
Der Begriff Bandkeramik wurde 1884 durch den Kunsthistoriker Friedrich Klopfleisch (1831–1898) aus Jena eingeführt. Von Linearkeramik sprach 1902 als erster der Stadtarzt und Urgeschichtsforscher Alfred Schliz (1849–1915) aus Heilbronn. Daraus wurde der Name Linienbandkeramische Kultur abgeleitet.
Wie in den benachbarten Ländern fiel die Linienbandkeramische Kultur in das Atlantikum (etwa 5.800 bis 3.800 v. Chr.) mit warmem und feuchtem Klima. Es breiteten sich dichte Eichenmischwälder aus, in denen neben den besonders zahlreich vertretenen Eichen auch Linden, Ulmen, Eschen und Haselnusssträucher gediehen. In diesen Wäldern lebten unter anderem Braunbären, Auerochsen, Rothirsche, Rehe und Wildschweine.
Die Herkunft der Linienbandkeramiker ist umstritten. Der australisch-britische Prähistoriker Vere Gordon Childe (1892–1957 vertrat 1929 die Hypothese einer ausschließlich südöstlichen Herkunft. Dabei berief er sich auf die Einflüsse des Balkans im Kult und in verschiedenen Bereichen der

*Stadtarzt und Urgeschichtsforscher Alfred Schliz (1849–1915)
aus Heilbronn.
Foto: Städtisches Museum Heilbronn
(via Wikimedia Commons),
Lizenz: gemeinfrei (Public domain)*

materiellen Kultur. Childe und andere Wissenschaftler gingen davon aus, dass die explosionsartige Zunahme der Bevölkerung die frühen Bauern gezwungen habe, neues Acker- und Weideland zu erschließen und zu diesem Zweck begrenzte Wanderungen zu unternehmen. Die einheimische jägerische Bevölkerung habe dann jeweils nach einer gewissen Zeit die neuen Errungenschaften übernommen.

Dagegen ließ der Wiener Prähistoriker Richard Pittioni (1906–1985) die ersten Bauern der Linienbandkeramischen Kultur aus einheimischen Jägern der späten Mittelsteinzeit hervorgehen und führte 1954 das Aufkommen von Ackerbau uund Viehzucht in Mitteleuropa auf das günstige Klima der Nacheiszeit zurück. Eine Einwanderung aus dem Südosten Europas habe es nicht gegeben.

Ähnlich argumentierte der Berliner Prähistoriker Hans Quitta. Er nimmt an, eine noch unbekannte jägerische Bevölkerungsgruppe Mitteleuropas habe nach dem Kontakt mit früheren Bauern aus Südosteuropa Ackerbau und Viehzucht von ihnen übernommen.

Ich selbst schließe mich der alten Auffassung von einer Einwanderung der ersten Bauern aus Südosteuropa an. Die Hausbauweise, der Keramikstil, der Schmuck, der Kunststil, die Bestattungsweise und die Religion der Linienbandkeramischen Kultur unterscheiden sich auffällig von den Errungenschaften der vorhergehenden mittelsteinzeitlichen Jäger, Fischer und Sammler. Der Linienbandkeramiker schufen eine völlig neue Welt, in der eine neue Wirtschafts- und Lebensweise, aber auch neue Werte und Glaubensvorstellungen alles verdrängten, was über Jahrtausende gewachsen war.

Das Skelett eines in Kleinhadersdorf (Niederösterreich) gefundenen Linienbandkeramikers erreichte die beachtliche Körpergröße von 1,77 Meter und überragte damit deutlich

Linienbandkeramiker beim Hausbau.
Bild: Zeichnung von Fritz Wendler (1941–1995)
für das Buch „Deutschland in der Steinzeit" (1991)
von Ernst Probst

die am gleichen Ort bestatteten Männer, die zwischen 1,50 und 1,59 Meler groß waren. Aus Rutzing in Oberösterreich kennt man einen 1,72 Meter großen Mann. Zu den größten Frauen gehört eine 1,65 Meter große Linienbandkeramikerin von Hankenfeld-Saladorf in Niederösterreich. Die Menschen der damaligen Zeit führten ein entbehrungsreiches Leben. Für die meisten Arbeiten standen nur primitive Geräte zur Verfügung, bei deren Gebrauch sie ihre eigene Körperkraft einsetzen mussten. Deshalb waren diese frühen Bauern schon nach wenigen Jahrzehnten verbraucht. Das begrenzte medizinische Wissen führte dazu, dass viele Menschen bereits in jungen Jahren starben. Vielfach waren die Zähne durch harte Nahrung stark abgekaut. In Kleinhadersdorf wurde mehrfach Karies nachgewiesen.

Die bisher bekannten Darstellungen von männlichen Gesichtern auf Tongefäßen und -figuren lassen keinen Bart erkennen. Der angebliche Schnurrbart auf einem Keramikrest von Ebenthal bei Gänserndorf in Niederösterreich stellt nur die Nase und die Augenbrauen dar.

Die Linienbandkeramiker wohnten auf fruchtbaren Böden in weit voneinander entfernt liegenden Einzelgehöften, in unbefestigten oder mit Graben, Wall und Palisaden befestigten Dörfern sowie gelegentlich kurzfristig in Höhlen. Die Einwohnerzahl in den größten Siedlungen dürfte manchmal 100 oder sogar 200 Personen übertroffen haben. Die Häuser erreichten eine Länge bis zu 42 Metern und eine Breite bis zu 8 Metern. Ihre Maße können aus den ehemaligen Pfostenlöchern erschlossen werden, die im Boden als dunkle Verfärbungen sichtbar sind.

Manchmal belegen nur Reste von Tongefäßen, deren Form und Verzierung für die Linienbandkeramische Kultur typisch sind, die Existenz ehemaliger Einzelgehöfte oder Dörfer. Auf

*Grabung auf einer Fundstelle der Linienbandkeramischen Kultur in Brunn am Gebirge, Flur Wolfholz, im Verwaltungsbezirk Mödling in Niederösterreich.
Foto: HeinzLW / CC BY 3.0 at,
lizensiert unter Creative-Commons-Lizenz by-3.0-at,
https://creativecommons.org/licenses/by-sa/3.0/at/legalcode*

diese Weise wurden unter anderem in Ravelsbach, Kleinmeiseldorf, Langenlois, Mold bei Horn, Missingdorf, Reikersdorf und Stockern (alle in Niederösterreich) Siedlungsplätze der älteren Linienbandkeramischen Kultur erkannt. Umfangreiche Siedlungen aus dieser Zeit gab es in Großburgstall und Untermixnitz im Waldviertel sowie in Ebenthal und Grafensulz im Weinviertel. Zwischen 5.540 und 5.060 v. Chr. existierten in Brunn am Gebirge, Flur Wolfholz, im Verwaltungsbezirk Mödling in Niederösterreich nacheinander fünf Siedlungen mit Langhäusern. Auf diese bedeutende 850 mal 500 Meter große Fundstelle der älteren Linienbandkeramischen Kultur stieß man 1989 bei Straßenbauarbeiten für die Autobahn A2. Bei der anschließenden Rettungsgrabung und Plangrabung legte der Wiener Prähistoriker Peter Stadler eine Fläche von mehr als 100.000 Quadratmetern frei. Bisher wies man mehr als 80 Langhäuser nach, insgesamt könnten es ungefähr 200 gewesen sein. Diese Bauten waren etwa 20 Meter lang und bis zu 8 Meter breit. Auffallend ist die hohe Anzahl von Steingeräten und Abfällen der Geräteproduktion (mehr als 10.000 Funde). Schätzungsweise zehn Häuser umfasste eine kleine Siedlung der älteren Linienbandkeramischen Kultur bei Rosenburg im Kamptal unweit von Horn in Niederösterreich. Sie wurde zwischen 1988 und 1994 ausgegraben. Wozu 21 etwa 2 Meter lange, 20 bis 40 Zentimeter breite und bis zu 1,50 Meter tiefe Schlitzgräben dienten, ist unklar. Eventuell hat man sie mit Wasser gefüllt und zum Gerben von Leder benutzt. Nur 4 Kilometer von Rosenburg entfernt liegt die seit 1995 freigelegte Siedlung der älteren und jüngeren Linienbandkeramischen Kultur von Mold. Eines der Häuser von dort ist mit einer Länge von rund 42 Metern und einer Breite von etwa 6,50 Metern ungewöhnlich groß. In Längsgruben eines

*Keramik der Linienbandkeramischen Kultur
aus Brunn am Gebirge, Flur Wolfholz,
im Verwaltungsbezirk Mödling in Niederösterreich.
Originale im Naturhistorischen Museum Wien.
Foto: Wolfgang Sauber / CC BY-SA 4.0
lizensiert unter Creative-Commons-Lizenz by-sa-4.0-de,
https://creativecommons.org/licenses/by-sa/4.0/legalcode*

unvollendeten Hauses lagen Holzkohlenreste und rund 80 Kilogramm Hüttenlehm mit Negativabdrücken von Rundhölzern. Anscheinend handelt es sich hier um Spuren einer Brandkatastrophe. Die meisten Siedlungsspuren stammen aus der jüngerer Linienbandkeramischen Kultur, die in Österreich wegen der dort vorkommenden notenkopfartigen Vierzierungselemente als Notenkopfkeramik[1] bezeichnet wird. In dieser Zeit waren in Niederösterreich nördlich der Donau vor allem das Weinviertel und das Waldviertel dicht besiedelt. Daneben gab es in Niederösterreich aber auch südlich der Donau etliche Siedlungen unter anderem in Sommerein, Hainburg, Schwechat und Mödling. Weitere Siedlungen existierten im Burgenland (Oberpullendorf, Oslip, Pöttsching, Draßburg) und in Oberösterreich (Rutzing). Bis 1990 wurden in Österreich insgesamt 240 linienbandkeramische Fundstellen registiert. Zur notenkopfkeramischen Siedlung nördlich der Bundesstraße Wien–Deutsch Altenburg bei Mannswörth in Niederösterreich gehörten vermutlich zwölf Langhäuser, deren Grundrisse aus Pfostenlöchern rekonstruiert wurden. Dagegen konnte man in Pulkau (Niederösterreich) nur zwei nebeneinanderliegende nord-südlich orientierte Hausgrundrisse feststellen.

Die damaligen Häuser besaßen ein tragendes Gerüst aus drei Reihen in den Boden eingetiefter Innenpfosten, auf denen die mit Schilf oder Stroh bedeckte Dachkonstruktion lastete. Die Wände bestanden aus locker gestellten dünnen Pfosten an den Außenseiten. Die Lücken zwischen diesen Pfosten wurden mit Flechtwerk aus Ruten geschlossen. Die Wände hat man mit Lehm verputzt, dem man zerkleinertes Stroh beimengte, damit beim Trocknen keine starken Risse auftraten. Funde aus Herrnbaumgarten und Schwechat in Niederösterreich zeigen, dass der Lehmverputz manchmal rot bemalt wurde. Aus Deutschland kennt man weiß getünchte Hüttenwände.

Die Häuser der Linienbandkeramiker besaßen drei Räume. Der Fußboden bestand offenbar aus festgestampftem Lehm. Vielleicht wurde dieser durch Matten aus Schilf oder Stroh oder durch weiche Tierfelle von Haus- oder Wildtieren wohnlicher gestaltet. In den Häusern hat es wohl jeweils eine Feuerstelle zum Braten und Kochen gegeben. Abfälle aller Art wurden in Gruben geworfen, aus denen man vorher Lehm für den Hausbau und die Herstellung von Keramik entnommen hatte. Diese Funde geben zuweilen interessante Aufschlüsse über das Leben der Linienbandkeramiker.

Die mit Graben, Wall und vermutlich auch mit Palisade befestigten Siedlungen von Schletz, Pulkau und Weinsteig in Niederösterreich liefern Hinweise auf unruhige Zeiten, in denen offenbar Überfälle zu befürchten waren. Auf die linienbandkeramischen Befestigungen von Schletz bei Asparn an der Zaya und von Weinsteig bei Großrußbach war man durch systematische luftbildarchäologische Untersuchungen des Luftbildreferates am Institut für Ur- und Frühgeschichte in Wien unter Leitung des Prähistorikers Herwig Friesinger gestoßen. Die rund 50 Kilometer nördlich von Wien liegende Fundstelle Schletz wurde zwischen 1983 und 2005 erforscht. Wie Scherbenfunde in den bis zu vier Meter breiten und maximal zwei Meter tiefen Gräben zeigen, wurden diese in verschiedenen Phasen der Linienbandkeramischen Kultur ausgehoben. Das größte Grabensystem war oval und hatte einen Längsdurchmesser von 330 Metern. Im Osten und Westen existierten Toranlagen in Form von Unterbrechungen der Gräben. Im Inneren hat man Grundrisse von mindestens zwölf Langhäusern entdeckt.

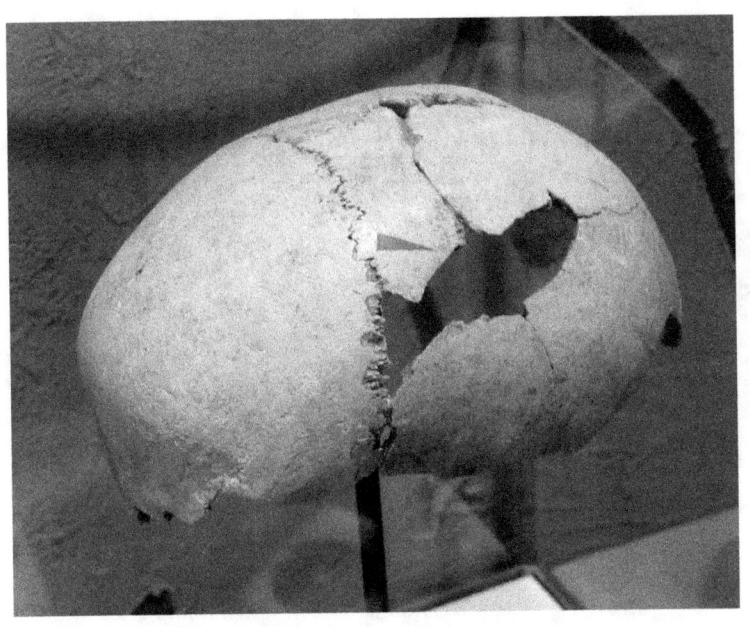

Eines der Opfer des „Massakers von Schletz":
Schädel einer 40 bis 50 Jahre alten Frau mit Lochbruch.
Foto: Wolfgang Sauber / CC BY-SA 4.0
(via Wikimedia Commons),
lizensiert unter Creative-Commons-Lizenz by-sa-4.0-en,
https://creativecommons.org/licenses/by-sa/4.0/legalcode

*Die Königshöhle bei Baden in Niederösterreich
diente Linienbandkeramikern als Unterschlupf.
Foto: Doronenko / CC BY-SA 3.0
(via Wikimedia Commons),
lizensiert unter Creative-Commons-Lizenz by-sa-3.0-de,
https://creativecommons.org/licenses/by-sa/3.0/legalcode*

Gegen Ende der Linienbandkeramischen Kultur um 5.000 v. Chr. sind bei einem Überfall auf die Siedlung mehr als 200 Bewohner getötet worden. Ihre Leichen legte man im äußeren Graben meistens in Bauchlage ab. Oft fehlten Arme oder Beine und vereinzelt der Schädel. Weil der Graben eine Zeitlang offen blieb, kam es zu Tierfraß an den Leichen. Die Opfer verloren durch Hiebe auf den Kopf und in einem Fall durch einen Pfeilschuss ihr Leben. Bei den Toten handelte es sich um Männer, Frauen und Kinder. Auffälligerweise waren kaum junge Frauen unter den Toten, vielleicht hatte man diese mitgenommen. Das „Massaker von Schletz" geschah ungefähr zur gleichen Zeit vor rund 7.000 Jahren wie das „Massaker von Kilianstädten" in Hessen und das „Massaker von Talheim" in Baden-Württemberg.

Auf unruhige Zeiten weist auch ein Fund von 2011 aus Pöttsching im Burgenland hin. Dort war ein etwa 15jähriger Junge bei einem Angriff auf sein Dorf gewaltsam ums Leben gekommen. An seinem Skelett wiesen Verletzungsspuren darauf hin, dass man ihm mit Pfeil und Bogen sowie mit einer Keule zugesetzt hatte. Der junge Linienbandkeramiker sei offenbar vor dem Angriff auf sein Dorf in das unmittelbar neben der Siedlung liegende Abbaugelände für Lehm geflüchtet und dort getötet worden, vermutete die Archäologin Dorothea Talaa aus Graz.

Funde von notenkopfkeramischen Tongefäßen bzw. Resten davon in verschiedenen Höhlen bezeugen, dass neben Häusern im Freiland mitunter solche natürlichen Unterschlüpfe aufgesucht wurden. Als Aufenthaltsorte dienten unter anderem die Königshöhle bei Baden, die Merkensteiner Höhle bei Gainfarn und die Geoleshöhle bei Kaltenleutgeben in Niederösterreich. Vielleicht hat man die Höhlen als Rastplätze bei Wanderungen oder als Versteck in Not- und Gefahrenzeiten benutzt. In Deutschland wurden Höhlen auch als Schauplatz kultischer Handlungen gewählt. Vielleicht vermutete man dort den Eingang zu den Wohnsitzen unterirdischer Mächte.

Im Gegensatz zu den mittelsteinzeitlichen Jägern, Fischern und Sammlern gingen die Linienbandkeramiker nur selten mit Pfeil und Bogen auf die Jagd. Die Bauern von Strögen in Niederösterreich erlegten Auerochsen, Rothirsche, Rehe, Wildschweine, Biber und sogar den Luchs. Biber kamen vielleicht in der benachbarten Kleinen Taffa oder im Kamp-Fluss vor. In Neckenmarkt im Burgenland fand man dagegen ausschließlich Jagdbeutereste vom Wildschwein. Außerdem dürften die Linienbandkeramiker mit Netzen, Reusen und Angeln mancherlei Fischarten gefangen haben.

Viel wichtiger als die Jagd, der Fischfang oder das Sammeln von essbaren wildwachsenden Pflanzen war für die Linienbandkeramiker der Anbau von Getreide auf gerodeten Waldflächen sowie die Haltung verschiedener Haustiere, wobei der Ackerbau und die Viehzucht die Vorratshaltung von Nahrungsmitteln förderte und die Sesshaftigkeit erforderlich machte.

Bevor man Getreidekörner aussäen konnte, musste man erst mühsam mit Hilfe von Steingeräten und durch Feuer eine Lichtung im Eichenmischwald schaffen. Der Boden zwischen den übriggebliebenen Baumstümpfen wurde wahrscheinlich mit Holzhacken und -spaten, Furchen- und Grabstöcken sowie Hirschgeweihhacken vor der Aussaat aufgelockert, damit die Getreidekörner besser keimen konnten.

Angebaut wurden Einkorn, Emmer und Gerste. Die reifen Ähren schnitt man mit scharfkantigen Feuersteinklingen, die in einem gekrümmten Holzschaft eingeklemmt waren. Danach sind die Ähren mit Steinen oder Knüppeln gedroschen worden. Die hierbei von den Spelzen befreiten Körner hat

man auf Steinplatten (Unterlieger) mit einem kleineren Stein (Läufer) zerquetscht und so Mehl gewonnen. Außer Getreide bauten die Linienbandkeramiker auch Linsen und Erbsen sowie Schlafmohn und Flachs an. Die frühen Bauern hielten in der warmen Jahreszeit Rinder, Ziegen, Schafe und Schweine im Freien. Im Winter wurden diese Haustiere in einem Raum der großen Langhäuser untergebracht. In der Siedlung Neckenmarkt gab es vor allem Schafe und Ziegen, aber auch Rinder und Schweine. Die dortigen Bewohner fingen bereits in großem Umfang Auerochsen ein und domestizierten sie. Dagegen basierte die Viehwirtschaft in der Siedlung Strögen im Waldviertel auf der Haltung von Schafen, während Ziegen und Schweine selten waren. Daneben fand man immer wieder auch die Überreste von Hunden. Die Linienbandkeramiker betrieben bei Kontakten untereinander und mit benachbarten „Jägerkulturen" in gewissem Maße Tauschgeschäfte, bei denen agrarische Produkte, Tongefäße, seltene Steinarten und Schmuckstücke den Besitzer wechselten. Auf diese Weise sind auch Erfindungen weitergereicht worden.
Sowohl Männer als auch Frauen schmückten sich gern mit Muschelschalen, Schneckengehäusen und mit durchbohrten Tierzähnen. Man trug die Schmuckstücke an Ketten oder nähte sie als Besatzteile auf die vermutlich aus Leder, Schafwolle oder Leinen hergestellte Kleidung. Diesen Schmuck hat man vor allem in Gräbern gefunden. Zu jener Zeit waren *Spondylus*-Muscheln aus dem Mittelmeergebiet sehr gefragt. Ihr Vorkommen an linienbandkeramischen Fundstellen in Österreich belegt, dass es auch in dieser Phase der Jungsteinzeit weitreichende Fernverbindungen gab. So kennt man beispielsweise aus einem Grab von Emmersdorf in Niederösterreich 30 aus einer *Spondylus-Muschel* angefertigte Perlen.

„Venus von Draßburg" im Burgenland,
Original im Landesmuseum Burgenland, Eisenstadt.
Höhe 9,8 Zentimeter.
Foto: Wolfgang Sauber / CC BY-SA 4.0
(via Wikimedia Commons),
lizensiert unter Creative-Commons-Lizenz by-sa-4.0-de,
https://creativecommons.org/licenses/by-sa/4.0/legalcode

Die auf Ton angebrachten oder aus diesem Material modellierten Kunstwerke der Linienbandkeramiker werden mit dem kultischen Brauchtum der frühen Ackerbauern und Viehzüchter in Zusammenhang gebracht. Zu diesen vor mehr als 7.000 Jahren geschaffenen Kunstwerken gehören Darstellungen von Haustieren (meist das Rind) auf der Außenseite von Gefäßen oder in Gestalt von Tongefäßen. Menschen wurden ebenfalls auf Gefäßwänden, aber auch als Tonfiguren dargestellt.

Neben Böhmen gilt Niederösterreich als das reichste Fundgebiet linienbandkeramischer Kunstwerke. Darstellungen von Haustieren kennt man beispielsweise aus Obermixnitz, Poigen und Sommerein. Menschliche Motive wies man in Breiteneich, Etzmannsdorf, Frauenhofen, Poigen, Pulkau, Sommerein, Zellerndorf, Ziersdorf und Zogelsdorf nach.

Die berühmteste Menschendarstellung auf einem linienbandkeramischen Tongefäß wurde 1933 am Taborac von Draßburg im Burgenland entdeckt.[2] Es ist die sogenannte „Venus von Draßburg". Dabei handelt es sich um die auf dem Bruchstück eines Gefäßes erkennbare halbplastische Darstellung einer nackten Frau. Die Augen, der Mund und das Schamdreieck wurden in den Ton eingeritzt. Die Nase, die Arme, die Brüste und die Beine sind dagegen herausmodelliert.

Als größtes Fragment einer Menschenfigur der Linienbandkeramischen Kultur gilt die „Venus von Brunn am Gebirge", Flur Wolfholz, im Verwaltungsbezirk Mödling in Niederösterreich. Die Gesamthöhe dieser tönernen Statuette wird auf etwa 25 Zentimeter geschätzt. Der Kopf und die Beine fehlen. In Ritzlinien im Hüftbereich wies man Reste von Birkenrindenteer nach.

In der Spätphase der Linienbandkeramischen Kultur – im sogenannten Sarka- und Zselizhorizont – kamen in Nieder-

24

*Gesichtsdarstellung auf einem Keramikrest
von Ebenthal bei Gänserndorf in Niederösterreich.
Breite 5,5 Zentimeter.
Original in der Sammlung von Hermann Schwammenhöfer, Wien.
Foto: Hermann Schwammenhöfer, Wien*

österreich Gesichts- und Maskendarstellungen auf der Außenwand von Tongefäßen auf. Die manchmal auch Rinderhörner tragenden Masken hatten vermutlich eine bestimmte Funktion bei kultischen Handlungen. Auffällig ist die große Zahl von fragmentarisch erhaltenen menschlichen Tonfiguren. Auf diese hatte 1923 erstmals der niederösterreichische Pfarrer und Heimatforscher Anton Hrodegh (1875–1926) aus Schwarzau im Gebirge hingewiesen. Bis 1990 kannte man bereits von nahezu 20 Fundorten in Niederösterreich Reste derartiger Kunstwerke, die wohl ebenfalls im Kult eine Rolle spielten. Besonders viele dieser Fundstellen liegen in der Umgebung des Manhartsberges.

Solche menschengestaltigen Tonfiguren wurden in Niederösterreich bereits in der ältesten Phase der Linienbandkeramischen Kultur geschaffen. Dazu gehört das Unterteil einer sitzenden Figur aus Maiersch. In dieser frühen Phase waren Sitzfiguren noch Seltenheiten. Die Figur aus Maiersch thronte vielleicht auf einem Sitzmöbel mit Lehne jener Art, von dem man in Poigen ein Bruchstück bergen konnte. Die meisten Tonfiguren der Linienbandkeramischen Kultur wurden stehend dargestellt. Eine der wenigen Ausnahmen davon bildet der Torso einer liegenden Frauenfigur aus Grübern in Niederösterreich. Häufig hat man auf dem Körper der Tonfiguren Verzierungen im sogenannten Röntgenstil angebracht, mit denen man das Skelett darstellen wollte. Bei einem Fund aus Reikersdorf sind Schulterknochen und Rippen im Röntgenstil zu erkennen, in Maiersch und Pulkau die Wirbelsäule und die Rippen, in Mold die Unterschenkelknochen und in Frauenhofen auf der Fußsohle eines Beines die Fußknochen. Demnach verfügten die Linienbandkeramiker bereits über ein gewisses Maß an anatomischem Wissen.

*Gesichtsdarstellung auf einem Gefäßhenkel von Poigen
(Flur Bachrain) in Niederösterreich.
Höhe 4,8 Zentimeter.
Original im Höbarthmuseum der Stadt Horn.
Foto: Höbarthmuseum der Stadt Horn*

*Unterteil einer menschlichen Tonfigur aus Maiersch
in Niederöstereich.
Höhe 8,1 Zentimeter.
Original im Archiv für die Waldviertler Urgeschichtsforschung,
Horn.
Foto: Wolfgang und Widmar Andraschek*

*Tongefäß der Linienbandkeramischen Kultur
mit Notenkopfverzierung
von Poysdorf in Niederösterreich.
Höhe 13 Zentimeter.
Original im Naturhistorischen Museum Wien.
Foto: Naturhistorisches Museum Wien,
Prähistorische Abteilung*

Von den menschlichen Tonfiguren liegen nur Teile des Oberkörpers, des Unterkörpers oder bloß ein Bein vor. Entsprechende Funde kennt man unter anderem aus Etzmannsdorf bei Straning, Hainburg an der Donau, Hameten, Poigen, Röhrawiesen, Sommerein, Wetzleinsdorf und Zissersdorf. Lediglich in Kleinhadersdorf wurde eine ziemlich vollständig erhaltene Tonfigur geborgen. In Breiteneich bei Horn fand man den Teil eines Oberkörpers mit Unterarm und einer gut gestalteten Hand. Die bruchstückhaft überlieferten Menschenfiguren spiegeln rituell motivierte Opferbräuche wider, die auch in Deutschland nachgewiesen sind.

Unter den Hinterlassenschaften der Linienbandkeramiker überwiegen eindeutig die Reste von Tongefäßen. Diese wurden frei mit der Hand geformt, verziert und im Feuer gebrannt. Als besonders typische Formen gelten Schalen, mehr oder minder geschlossene Töpfe in Gestalt einer Dreivierteloder Dreifünftel-Hohlkugel (Kumpf genannt) und Tonflaschen.

In der ältesten Phase mengte man dem Ton bei allen Gefäßformen Häcksel bei, baute aus Wülsten dicke Wände auf, strich sie glatt, versah die Gefäße mit Standböden und verzierte die Außenwand mit Knubben sowie bis zu vier Millimeter breiten im Querschnitt U-förmigen, bandartigen Linien.

Typisch für die jüngste Phase der Linienbandkeramischen Kultur in Österreich sind Tongefäße des Typus Zseliz[3] (nach einem ehemals ungarischen Fundort (heute Zeliezovce in der Südwestslowakei), des Typus Sarka[4] (nach einem Fundort in Böhmen) und der Bükker Kultur[5] (nach Funden aus dem Bükk--Gebirge in Ungarn). Keramik des Typus Zseliz und der Bükker Kultur kam stets gleichzeitig mit Notenkopfkeramik vor. Dagegen ist der Typus Sarka vor allem im Raum

*Hockerbestattung eines Jugendlichen
mit Steinbeil, Knochenpfriem und Tongefäßen
von Kleinhadersdorf in Niederösterreich.
Foto: Bundesdenkmalamt Wien*

von Horn sowie im Waldviertel (beispielsweise Grafensulz und Thomasl) in Niederösterreich nachgewiesen und scheint sich an das südmährische Verbreitungsgebiet dieses Typus anzuschließen.

Zu den wichtigsten Steinwerkzeugen der Linienbandkeramiker gehörten Beile mit einer parallel zum Holzschaft verlaufenen Schneide sowie Dechsel (auch Schuhleistenkeile genannt) mit einer quer zum Schaft stehenden Schneide, die man deswegen als Querbeile bezeichnet. Damit konnte man Bäume fällen, Bauholz für die Häuser oder Palisaden bearbeiten oder Baumstämme für Einbäume aushöhlen. Die Äxte für diese Holzbearbeitungsgeräte wurden aus Felsgestein zurechtgeschliffen und zwecks Aufnahme des Schaftes durchbohrt. Daneben gab es aus Feuerstein zurechtgeschlagene Kratzer, Klingen und Bohrer für unterschiedliche Tätigkeiten, aus Tierknochen geschnitzte Pfrieme, Spitzen, Meißel und spachtelartige Geräte sowie wahrscheinlich etliche Geräteformen aus Holz, die nicht erhalten blieben.

Aus Feuerstein wurden auch Pfeilspitzen zurechtgeschlagen, die man mit Hilfe von Pech und Schnüren an Holzschäften befestigte.

Die Linienbandkeramiker bestatteten ihre Toten meist unverbrannt in Siedlungen, Abfallgruben oder Friedhöfen. Größere Gräberfelder kennt man von Kleinhadersdorf[6] bei Poysdorf (Niederösterreich) und von Rutzing[7] bei Hörsching (Oberösterreich). In Kleinhadersdorf hat man schätzungsweise bis zu 200 Menschen bestattet, in Rutzing 23 Personen. Die Verstorbenen wurden mit zum Körper hin angezogenen Beinen auf der linken Seite zur letzten Ruhe gebettet. Es handelte sich also um sogenannte „liegende Hocker". In Kleinhadersdorf kamen auch einige Brandbestattungen zum Vorschein. Der Leichnam war in diesen Fällen auf einem

Scheiterhaufen verbrannt worden. Danach hatte man die ausgeglühten Knochenstücke in einer Grube deponiert.
In einem der Gräber von Kleinhadersdorf mit Resten von drei Schädeln hatte man zwei Schädel mit Rötel bestreut. Damit wurde eine Tradition gepflegt, die seit der Altsteinzeit nachweisbar ist und auch bei den Linienbandkeramikern in Deutschland in Erinnerung geblieben war. Die Toten wurden mit Tongefäßen, Steinwerkzeugen, Waffen und Schmuck für das Weiterleben im Jenseits ausgerüstet.
Bei der Religion dieser frühen Ackerbauern und Viehzüchter handelte es sich offensichtlich um einen Fruchtbarkeitskult. Man glaubte vermutlich daran, dass das Gedeihen der Ernte und des Viehs von einer überirdischen Macht abhängig war, deren Gunst man durch bestimmte Opfer erringen konnte. Einen kleinen Einblick in die komplizierte religiöse Gedankenwelt der damaligen Zeit erlauben Opferplätze, manche Kunstwerke, Opfergaben und aus dem Rahmen des Üblichen fallende Bestattungen.
Als Schauplatz von Opfern im Rahmen des Fruchtbarkeitskultes wird der Tonaltar von Herrnbaumgarten unweit von Mistelbach in Niederösterreich gedeutet, den 1954 der Wiener Prähistoriker Fritz Felgenhauer (1920–2009) untersuchte.[8] Dabei handelt es sich um eine T-förmige Anlage von 1,50 Meter Länge, 0,50 Meter Breite und etwa 0,30 Meter Höhe. Sie bestand aus insgesamt acht übereinanderliegenden, einzeln ausgebrannten Tonschichten, denen man Häcksel beigemengt hatte. Zwischen den Tonschichten stieß man auf verschiedene, nicht genau identifizierbare organische Substanzen, darunter Tierknochen, die vielleicht von Opfergaben stammten.
Wegen der tischartigen Form der Anlage und der mehrfach erneuerten Tonschichten vermutete der Ausgräber eine

kultische Nutzung als Altar. Vielleicht brachte man nach jedem Opfer, bei dem die Oberfläche verunreinigt wurde, eine frische Tonschicht auf. Fragmente von notenkopfkeramischen Tongefäßen in den Zwischenschichten des Tonaltars lieferten Hinweise auf das Alter dieser Anlage. Ähnliche Tonaltäre kennt man auch im Verbreitungsgebiet der Tripolje-Kultur[9] in Russland und der Cucuteni-Kultur[10] in Rumänien, die man ebenfalls als Opferstellen ansieht. Was auf solchen Tonaltären geopfert worden ist, lässt sich nicht sagen.

Mit dem Kult könnte auch die schon erwähnte „Venus von Draßburg" in Verbindung stehen. Die Wiener Prähistorikerin Eva Lenneis, geht davon aus, dass die mit menschlichen Gesichtsdarstellungen versehene Tongefäße eventuell zur Aufnahme eines Inhaltes gedient haben, der unter den Schutz einer Gottheit gestellt oder einer solchen geweiht werden sollte. Die nackte „Venus von Draßburg" wird von manchen Autoren als Fruchtbarkeitsgöttin gedeutet. Sie ziert den Hals eines Topfes vom Zselizer Typus.

Eine wichtige Funktion bei den Opferhandlungen der Linienbandkeramiker, mit denen überirdische Mächte beschworen oder besänftigt werden sollten, besaßen die bereits erwähnten kleinen menschengestaltigen Tonfiguren. Funde aus Mitteldeutschland beweisen, dass derartige Tonfiguren und Menschen das gleiche Schicksal erlitten: Sie wurden zerstückelt geopfert. Diese Praxis erklärt, weshalb man bisher keine vollständigen menschlichen Tonfiguren entdeckt hat. Aus Deutschland kennt man etliche Fälle von Menschenopfern und rituell motiviertem Kannibalismus der Linienbandkeramiker, bei denen im Laufe der Zeit einige Dutzend Menschen ihr Leben lassen mussten. Als Opfer wurden offenbar vor allem Frauen, Jugendliche und Kinder ausgewählt.

Auch manche Funde aus Österreich lassen auf geheimnisvolle Opferbräuche schließen. So hatte vermutlich das Kalottenbruchstück eines Kindes aus Rutzing die Funktion eines Schädelbechers. Man vermutet, solche Schädelbecher seien einst als Trinkgefäß verwendet worden. Durch den Trunk aus einem Schädelbecher wollte man vielleicht das Andenken des betreffenden Toten ehren oder dessen besondere Fähigkeiten übernehmen.

Mindestens drei Schädelbecher kamen in der Befestigung von Schletz zum Vorschein. Sie befanden sich unter den in Gräben geborgenen Skelettresten. Um einen weiteren Schädelbecher handelt es sich wahrscheinlich bei einem Fund im Hainburger Teichtal (Niederösterreich). Dort wurde in einer Siedlungsgrube ein Menschenschädel entdeckt, dessen Kalotte abgetrennt war. Die umgedrehte Kalotte lag zusammen mit dem löffelartig ausgehöhlten Gelenkteil eines Tierknochens neben dem Schädel.

Als eindrucksvollster Beleg für den Schädelkult der Linienbandkeramiker in Österreich galten früher die 18 Schädelbecher vom Taborac.[11] Doch sie stammen – nach eingehenden Forschungen zu schließen - aus einer viel späteren Zeit. Man datiert sie heute ins 9. bis 10. Jahrhundert n. Chr. und schreibt sie den Petschenegen oder Bessenern zu.

Kultische Motive dürften manche Linienbandkeramiker bewogen haben, aus menschlichen Schädeln herausgelöste Knochenscheiben als Amulett zu tragen. Zwei solcher ungewöhnlicher Schmuckstücke wurden 1981/82 in der Gegend von Sommerein (Niederösterreich) durch einen Heimatforscher entdeckt.[12] Eines davon ist 3,1 x 2,9 Zentimeter groß, 0,7 bis 0,9 Zentimeter dick und weist drei Bohrlöcher auf. Das andere ist noch undurchbohrt. Letzteres kam in einer Siedlungsgrube zum Vorschein, die Tonscherben von Notenkopfkeramik enthielt.

Derartige Amulette sollten nicht nur schmücken, sondern vermutlich gegen den „bösen Blick", Krankheiten, Unfälle und andere Unbill schützen. Möglicherweise galt der Kopf damals als Sitz magischer Kräfte, in deren Besitz man durch das Tragen eines Schädelamulettes gelangen wollte.

Anmerkungen

1] Der Begriff Notenkopfkeramik stammt von dem Wiener Prähistoriker Oswald Menghin (1888–1973). Er schrieb 1921 in seiner „Urgeschichte Niederösterreichs" auf Seite 9: „Die Unterbrechung der Linien durch Striche oder notenkopfartige Grübchen findet sich nur auf jüngeren Formen dieser Ware.

2] Die „Venus von Draßburg" wurde 1933 durch den Zahnarzt Friedrich Hautmann (1890–1955) aus Wiener Neustadt entdeckt, als er die Funde aus einer durch Sandgewinnung gefährdeten linienbandkeramischen Grube für das Burgenländische Landesmuseum in Eisenstadt barg. Hautmann war seit 1924 Korrespondent des Bundesdenkmalamtes und seit Februar 1925 ehrenamtlicher Konservator des Bundesdenkmalamtes für das Burgenland. Mit einer Korrespondenzkarte vom 21. August 1933 informierte Hautmann seinen Freund, den ersten Direktor des 1926 gegründeten Burgenländischen Landesmuseums in Eisenstadt, Alphons Augustus Barb (1901–1979), über die Entdeckung der „Venus" von Draßburg. Barb war 1926–1938 Direktor des Burgenländischen Landesmuseums.

3] Der Begriff Typus Zseliz wurde 1924 durch den Wiener Prähistoriker Herbert Freiherr von Mitscha-Märheim (1900–1976) eingeführt.

4] Der Name Typus Sarka wurde 1925 von dem Prager Professor der vorgeschichtlichen Archäologie und Ethnologie Albin Stocky (1876–1934) auf Seite 7 seines Buches „Praha Praveka" geprägt.

5] Der Begriff Bükker Kultur wurde 1929 durch den Budapester Prähistoriker Ferenc von Tompa (1893–1945) vorgeschlagen. Er war damals Kustos der prähistorischen Sammlung des Ungarischen Nationalmuseums in Budapest.

*Wiener Prähistoriker Josef Bayer (1882–1931).
Foto: Naturhistorisches Museum Wien,
Prähistorische Abteilung*

6] Im Gräberfeld von Kleinhadersdorf nahm im April 1931 der Wiener Prähistoriker Josef Bayer (1882–1931) eine Ausgrabung vor. Nach dessen Tod im Juli 1931 setzte der Wiener Anthropologe Viktor Lebzelter (1889–1936) die Ausgrabungen fort. 1936 publizierten Lebzelter und dessen Mitarbeiter Günter Zimmermann (1914–1979) aus Danzig die Befunde von Kleinhadersdorf. Lebzelter war seit März 1932 provisorischer Leiter der Anthropologischen Abteilung des Naturhistorischen Museums Wien und seit April 1934 dessen Direktor. In Kleinhadersdorf wurden 1931 insgesamt 19 Gräber entdeckt. Als im Winter 1986/87 die über dem Gräberfeld gepflanzten Rebstöcke eines Weinberges erfroren und ausgehackt werden mussten, regte der Direktor des Stadtmuseums Poysdorf, Josef Preyer, eine Untersuchung an. Diese wurde im August 1987 durch die Wiener Prähistoriker Christine Neugebauer-Maresch und deren Ehemann Johannes-Wolfgang Neugebauer (1949–2002) vorgenommen. Dabei stieß man auf zahlreiche in den dreißiger Jahren übersehene Gräber. Zwischen 1986 und 1989 kamen bei Ausgrabungen mehr als 50 Gräber zum Vorschein. Prähistoriker schätzen, dass im Umkreis des bis dahin freigelegten Gräberfeldes weitere 100 Gräber vorhanden sind.

7] Das Gräberfeld von Rutzing wurde 1962 entdeckt und durch den Linzer Anthropologen Ämilian Kloiber (1910–1989) ausgegraben.

8] Der Tonaltar von Herrnbaumgarten wurde durch den Landwirt Johann Schodl aus Herrnbaumgarten entdeckt.

9] Der Begriff Tripolje-Kultur (auch Tripol'je-Kultur) wurde 1901 durch den ukrainischen Archäologen tschechischer Herkunft Vincenc V. Chojka (1850–1914) aus Kiew eingeführt. Der Name erinnert an die Siedlung Tripol'e bei Kiew.

10] Der Name Cucuteni-Kultur wurde 1932 durch den

deutschen Archäologen Hubert Schmidt (1864–1933) aus Berlin geprägt, der die Ausgrabungen an der rumänischen Fundstelle Cucuteni leitete.

11] Die 18 Schädelbecher vom Taborac wurden 1932 entdeckt und 1949 von der Wiener Prähistorikerin Gertrud Moßler (auch Gertrude Mossler) irrtümlich als jungsteinzeitlich datiert und publiziert.

Literatur

BAYER, Josef: Ein sicherer Fall von prähistorischem Kannibalismus bei Hankenfeld. G.-B. Atzenbrugg, Niederösterreich. Mitteilungen der Anthropologischen Gesellschaft in Wien, S. 83/84., Wien 1923.

DÖNGES, Jan: Das grausame Ende zweier alter Österreicher. Spektrum der Wissenschaft, Heidelberg, 29. Januar 2020.

FELGENHAUER, Fritz: Bandkeramische Großbauten aus Mannswörth bei Wien. Archaeologia Austriaca. S. 1–10, Wien 1960.

FELGENHAUER, Fritz: Ein „Tonaltar" der Notenkopfkeramik aus Herrnbaumgarten, p. B. Mistelbach, NÖ. Archaeologia Austriaca. S. 1–20, Wien 1965.

FRANZ, Leonhard: Anton Hrodegh † (1926). Wiener Prähistorische Zeitschrift, S. 61–65, Wien 1927.

HRODEGH, Anton: Über die neolithischen Idole des niederösterreichischen Manhartsgebietes. Mitteilungen der Anthropologischen Gesellschaft in Wien. S. 197, Wien 1923.

JUNGWIRTH, Johann: Ein linearbandkeramisches Skelett aus Pöttsching irn Burgenland. Anthropologischer Anzeiger. S. 123–132, Stuttgart 1965.

JUNGWIRTH, Johann: Die Bevölkerung Österreichs im Neolithikum. In: 75 Jahre Anthropologische Staatssammhmg München 1902–1977, S. 233–256. München 1977.

JUNGWIRTH, Johann: Ein neolithisches Skelett mit Grabbeigaben der linearbandkeramischen Kultur aus Henzing, Gemeinde Sieghartskirchen, Niederösterreich. Annalen des Naturhistorischen Museums Wien, S. 619–632, Wien 1978.

JUNGWIRTH, Johann / KLOIBER, Ämililian: Die neolithischen Skelette aus Österrreich. Fundamenta, Reihe B, S. 200–209, Köln 1973.

KLOIBER, Ämilian / KNEIDINGER, Josef: Die neolithische Siedlung und die neolithischen Gräberfundplätze von Rutzing und Haid, Ortsgemeinde Hörsching, politischer Bezirk Linz-Land, Oberösterreich. Jahrbuch des oberösterreichischen Musealvereins, S. 9–58, Linz 1968.

LEBZELTER, Viktor / ZIMMERMANN, Günter: Neolithische Gräber aus Kleinhadersdorf bei Poysdorf. Mitteilungen der Anthropologischen Gesellschaft in Wien, S. 1–16, Wien 1936.

LENNEIS, Eva: Anthropomorphe und zoomorphe Motive auf Gefäßen der Linearkeramik im Raume Niederösterreich und Burgenland. Archaeologica Austriaca, Festschrift für Richard Pittioni, S. 235–248, Wien 1976.

LENNEIS, Eva: Die Siedlungsverteilung der Linienbandkeramik in Österreich. Archaeologica Austriaca, S. 1–19, Wien 1982.

LENNEIS, Eva: Ein unvollendet(?) abgebranntes Haus der Linearbandkeramik aus Mold bei Horn. Archäologie Österreichs, 15/2, S. 16–18, 2004.

LENNEIS, Eva: Ein bandkeramischer Großbau aus Mold bei Horn, Niederösterreich. Gedenkschrift für Viera Pavúková, Studia Honoraria 21, S. 379–393, 2004.

MAURER, Hermann: Neolithische Kultobjekte aus dem niederösterreichischen Manhartsbergbereich. Mannus-Bibliothek, Band 19, Hückeswagen 1982.

MAURER, Hermann: Linearkeramische Kultobjekte aus Niederösterreich. Fundberichte aus Österreich, S. 57–94, Wien 1982.

MAURER, Hermann: Beiträge zur Ur- und Frühgeschichte der Waldvierteler Randgebiete. Eine linearkeramische „Gesichtsdarstellung aus Pulkau", pol. Bz. Hollabrunn. Horner Schriften zur Ur- und Frühgeschichte, Horn 1982.

MAURER, Hermann: Steinzeitlicher Kult. Horner Schriften zur Ur- und Frühgeschichte, S. 7–42, Horn 1983.
MAURER, Hermann: Bemerkungen zu den frühneolithischen Plastiken Mitteleuropas. Gesellschaft für Vor- und Frühgeschichte, Mitteilungsblatt, S. 28–30, Bonn 1986.
MAURER, Jakob: Frühes Neolithikum in Österreich – Neuer Forschungsstand
https://www.neolithikum.at/sonstiges/archaologisches/referate-usw/fruhes-neolithikum
PRIHODA, Ingo: Idolfragmente und frühe Plastik. Höbarthmuseum und Museumsverein in Horn 1930–1980. Festschrift zu 50-Jahr-Feier, S. 109–130, Horn 1980.
PROBST, Ernst: Deutschland in der Steinzeit. Jäger, Fischer und Bauern zwischen Nordseeküste und Alpenraum, München 1991
PUCHER, Erich: Viehwirtschaft und Jagd zur Zeit der ältesten Linearbandkeramik von Neckenmarkt (Burgenland) und Strögen (Niederösterreich). Mitteilungen der Anthropologischen Gesellschaft in Wien, S. 141–155, Wien 1987.
SCHEFZIK, Michael: Hinweise auf Massaker in der frühneolithischen Bandkeramik. In: MELLER, Harald / SCHEFZIK, Michael (Herausgeber): Krieg – eine archäologische Spurensuche. Begleitband zur Sonderausstellung im Landesmuseum für Vorgeschichte Halle (Saale), 6. November 2015 bis 22. Mai 2016, S. 174–175, Stuttgart 2015.
STADLER, Peter: Frühneolithische Fundstellen von Brunn am Gebirge, Flur Wolfholz, NÖ. 11. 12. 2002
STADLER, Peter: Brunn am Gebirge (Frühneolithikum)
https://www.nhm-wien.ac.at/forschung/praehistorie/forschungen/brunn_am_gebirge
WIKIPEDIA (Online-Lexikon): Massaker von Schletz
https://de.wikipedia.org/wiki/Massaker_von_Schletz

WILLVONSEDER, Kurt: Die Venus von Draßburg. Germania. S. 1–5, Berlin 1940.

WINKLER, Eike-Meinrad: Urzeitliche Schädelamulette aus Sommerein. NÖ, Fundberichte aus Österreich, S. 93–95. Wien 1986.

Autor Ernst Probst,
Foto: Klaus Benz, Fotograf, Mainz-Laubenheim

Der Autor

Ernst Probst, geboren am 20. Januar 1946 in Neunburg vorm Wald im bayerischen Regierungsbezirk Oberpfalz, ist Journalist und Wissenschaftsautor. Er arbeitete von 1968 bis 1971 bei den „Nürnberger Nachrichten", von 1971 bis 1973 in der Zentralredaktion des „Ring Nordbayerischer Tageszeitungen" in Bayreuth und von 1973 bis 2001 bei der „Allgemeinen Zeitung", Mainz. In seiner Freizeit schrieb er Artikel für die „Frankfurter Allgemeine Zeitung", „Süddeutsche Zeitung", „Die Welt", „Frankfurter Rundschau", „Neue Zürcher Zeitung", „Tages-Anzeiger", Zürich, „Salzburger Nachrichten", „Die Zeit", „Rheinischer Merkur", „Deutsches Allgemeines Sonntagsblatt", „bild der wissenschaft", „kosmos", „Deutsche Presse-Agentur" (dpa), „Associated Press" (AP) und den „Deutschen Forschungsdienst" (df). Aus seiner Feder stammen die Bücher „Deutschland in der Urzeit" (1986), „Deutschland in der Steinzeit" (1991), „Rekorde der Urzeit" (1992), „Dinosaurier in Deutschland" (1993 zusammen mit Raymund Windolf) und „Deutschland in der Bronzezeit" (1996). Von 2001 bis 2006 betätigte sich Ernst Probst als Buchverleger sowie zeitweise als internationaler Fossilienhändler und Antiquitätenhändler. Insgesamt veröffentlichte er mehr als 300 Bücher, Taschenbücher, Broschüren und über 300 E-Books.

Bücher von Ernst Probst

(Auswahl)

Als Mainz im Meer lag
Als Mainz noch nicht am Rhein lag
Christl-Marie Schultes. Die erste Fliegerin in Bayern (zusammen mit Theo Lederer)
Der Europäische Jaguar
Der Mosbacher Löwe. Die riesige Raubkatze aus Wiesbaden
Der Rhein-Elefant. Das Schreckenstier von Eppelsheim
Der Schwarze Peter. Ein Räuber im Hunsrück und Odenwald
Der Ur-Rhein. Rheinhessen vor zehn Millionen Jahren
Deutschland im Eiszeitalter
Deutschland in der Frühbronzezeit
Deutschland in der Mittelbronzezeit
Deutschland in der Spätbronzezeit
Die Aunjetitzer Kultur in Deutschland
Die Straubinger Kultur in Deutschland
Die Singener Gruppe
Die Arbon-Kultur in Deutschland
Die Ries-Gruppe und die Neckar-Gruppe
Die Adlerberg-Kultur
Der Sögel-Wohlde-Kreis
Die nordische Bronzezeit in Deutschland
Die Hügelgräber-Kultur in Deutschland
Die ältere Bronzezeit in Nordrhein-Westfalen
Die Bronzezeit in der Lüneburger Heide
Die Stader Gruppe

Die Oldenburg-emsländische Gruppe
Die Urnenfelder-Kultur in Deutschland
Die ältere Niederrheinische Grabhügel-Kultur
Die Unstrut-Gruppe
Die Helmsdorfer Gruppe
Die Saalemündungs-Gruppe
Die Lausitzer Kultur in Deutschland
Die Dolchzahnkatze Megantereon
Die Dolchzahnkatze Smilodon
Die Säbelzahnkatze Homotherium
Die Säbelzahnkatze Machairodus
Die Schweiz in der Frühbronzezeit
Die Rhône-Kultur in der Westschweiz
Die Arbon-Kultur in der Schweiz
Die Schweiz in der Mittelbronzezeit
Die Schweiz in der Spätbronzezeit
Dinosaurier von A bis K. Von Abelisaurus bis zu Kritosaurus
Dinosaurier von L bis Z. Von Labocania bis zu Zupaysaurus
Der rätselhafte Spinosaurus. Leben und Werk des Forschers Ernst Stromer von Reichenbach
Eiszeitliche Geparde in Deutschland
Eiszeitliche Leoparden in Deutschland
Frauen im Weltall
Hildegard von Bingen. Die deutsche Prophetin
Höhlenlöwen. Raubkatzen im Eiszeitalter
Julchen Blasius. Die Räuberbraut des Schinderhannes
Johann Jakob Kaup. Der große Naturforscher aus Darmstadt
Königinnen der Lüfte
Königinnen der Lüfte in Deutschland

Königinnen der Lüfte in Europa
Königinnen der Lüfte in Frankreich
Königinnen der Lüfte in England und Australien
Königinnen der Lüfte in Amerika
Königinnen der Lüfte von A bis Z
Königinnen des Tanzes
Malende Superfrauen
Meine Worte sind wie die Sterne Die Entstehung der Rede des Häuptlings Seattle (zusammen mit Sonja Probst, verheiratete Werner)
Monstern auf der Spur. Wie die Sagen über Drachen, Riesen und Einhörner entstanden
Neues vom Ur-Rhein. Interview mit dem Geologen und Paläontologen Dr. Jens Sommer
Österreich in der Frühbronzezeit
Österreich in der Mittelbronzezeit
Österreich in der Spätbronzezeit
Pompadour und Dubarry. Die Mätressen von Louis XV.
Raub-Dinosaurier von A bis Z. Mit Zeichnungen von Dmitry Bogdanav und Nobu Tamura
Rekorde der Urmenschen. Erfindungen, Kunst und Religion
Rekorde der Urzeit. Landschaften, Pflanzen und Tiere
Säbelzahnkatzen. Von Machairodus bis zu Smilodon
Säbelzahntiger am Ur-Rhein. Machairodus und Paramachairodus
Superfrauen aus dem Wilden Westen
Superfrauen 1 – Geschichte
Superfrauen 2 – Religion
Superfrauen 3 – Politik
Superfrauen 4 – Wirtschaft und Verkehr
Superfrauen 5 – Wissenschaft

Superfrauen 6 – Medizin
Superfrauen 7 – Film und Theater
Superfrauen 8 – Literatur
Superfrauen 9 – Malerei und Fotografie
Superfrauen 10 – Musik und Tanz
Superfrauen 11 – Feminismus und Familie
Superfrauen 12 – Sport
Superfrauen 13 – Mode und Kosmetik
Superfrauen 14 – Medien und Astrologie
Tony und Bruno Werntgen. Zwei Leben für die Luftfahrt (zusammen mit Paul Wirtz)
Was ist ein Menhir? Interview mit dem Mainzer Archäologen Dr. Detert Zylmann
Wer ist der kleinste Dinosaurier? Interviews mit dem Wissenschaftsautor Ernst Probst
Wer war der Stammvater der Insekten? Interview mit dem Stuttgarter Biologen und Paläontologen Dr. Günther Bechly
6000 Jahre Kastel. Von der Steinzeit bis zum 21. Jahrhundert
5000 Jahre Kostheim. Von der Steinzeit bis zum 21. Jahrhundert
Kastel in der Vorzeit. Von der Jungsteinzeit bis Christi Geburt
Kostheim in der Vorzeit. Von der Jungsteinzeit bis Christi Geburt
Wiesbaden in der Steinzeit
Anno 1.000.000. Deutschland in der älteren Altsteinzeit
Das Protoacheuléen. Eine Kulturstufe der Altsteinzeit vor etwa 1,2 Millionen bis 600.000 Jahren
Das Altacheuléen. Eine Kulturstufe der Altsteinzeit vor etwa 600.000 bis 350.000 Jahren
Das Jungacheuléen. Eine Kulturstufe der Altsteinzeit vor

etwa 350.000 bis 150.000 Jahren
Das Spätacheuléen. Eine Kulturstufe der Altsteinzeit vor etwa 150.000 bis 100.000 Jahren
Die Lanze von Lehringen. Der Jahrhundertfund aus der Altsteinzeit
Das Moustérien. Die große Zeit der Neanderthaler
Das Aurignacien. Eine Kulturstufe der Altsteinzeit vor etwa 40.000 bis 31.000 Jahren
Das Gravettien. Eine Kulturstufe der Altsteinzeit vor etwa 35.000 bis 24.000 Jahren
Das Magdalénien. Eine Kultustufe der Altsteinzeit vor etwa 18.000 bis 12.000 Jahren
Die Hamburger Kultur. Eine Kulturstufe der Altsteinzeit vor etwa 15.700 bis 14.200 Jahren
Die Federmesser-Gruppe. Eine Kulturstufe der Altsteinzeit vor etwa 14.000 bis 12.800 Jahren
Das Steinzeit-Grab von Bonn-Oberkassel. Ein rätselhafter Fund aus der Zeit der Federmesser-Gruppen
Die Ahrensburger Kultur. Eine Kulturstufe der Altsteinzeit vor etwa 12.700 bis 11.650 Jahren
Die Altsteinzeit in Österreich. Jäger und Sammler vor 250.000 bis 10.000 Jahren
Das Jungacheuléen in Österreich
Das Moustérien in Österreich
Das Aurignacien in Österreich
Das Gravettien in Österreich
Das Magdalénien in Österreich
Das Magdalénien in der Schweiz
Die Mittelsteinzeit
Deutschland in der Mittelsteinzeit
Die Mittelsteinzeit in Baden-Württemberg

Die Mittelsteinzeit in Bayern
Die Mittelsteinzeit in Rheinland-Pfalz
Die Mittelsteinzeit in Hessen
Die Mittelsteinzeit in Nordrhein-Westfalen
Die Mittelsteinzeit in Niedersachsen
Die Mittelsteinzeit in Thüringen, Sachsen-Anhalt, Sachsen und im südlichen Brandenburg
Die Mittelsteinzeit in Schleswig-Holstein, Mecklenburg und im nördlichen Brandenburg
Die Jungsteinzeit. Eine Periode der Steinzeit vor etwa 5.500 bis 2.300 v. Chr.
Die ersten Bauern in Deutschland. Die Linienbandkeramische Kultur (5.500 bis 4.900 v. Chr.)
Die Ertebölle-Ellerbek-Kultur. Eine Kultur der Jungsteinzeit vor etwa 5.000 bis 4.300 v. Chr.
Die Stichbandkeramik. Eine Kultur der Jungsteinzeit vor etwa 4.900 bis 4.500 v. Chr.
Die Oberlauterbacher Gruppe. Eine Kulturstufe der Jungsteinzeit vor etwa 4.900 bis 4.500 v. Chr.
Die Hinkelstein-Gruppe. Eine Kulturstufe der Jungsteinzeit vor etwa 4.900 bis 4.800 v. Chr.
Die Rössener Kultur. Eine Kultur der Jungsteinzeit vor etwa 4.600 bis 4.300 v. Chr.
Die Kupferzeit. Wie die ersten Metalle in Mitteleuropa bekannt wurden
Die Michelsberger Kultur. Eine Kultur der Jungsteinzeit vor etwa 4.300 bis 3.500 v. Chr.
Das Rätsel der Großsteingräber. Die nordwestdeutsche Trichterbecher-Kultur vor etwa 4.300 bis 3.000 v. Chr.
Die Baalberger Kultur. Eine Kultur der Jungsteinzeit vor etwa 4.300 bis 3.700 v. Chr.
Pfahlbauten in Süddeutschland. Dörfer der Jungsteinzeit

und Bronzezeit an Seen, Mooren und Flüssen
Die Altheimer Kultur / Die Pollinger Gruppe. Zwei Kulturen der Jungsteinzeit vor etwa 3.900 bis 3.500 v. Chr.
Die Salzmünder Kultur. Eine Kultur der Jungsteinzeit vor etwa 3.700 bis 3.200 v. Chr.
Die Chamer Gruppe. Eine Kulturstufe der Jungsteinzeit vor etwa 3.500 bis 2.800 v. Chr.
Die Wartberg-Kultur. Eine Kultur der Jungsteinzeit vor etwa 3.500 bis 2.800 v. Chr.
Die Walternienburg-Bernburger Kultur. Eine Kultur der Jungsteinzeit vor etwa 3.200 bis 2.800 v. Chr.
Die Kugelamphoren-Kultur. Eine Kultur der Jungsteinzeit vor etwa 3.100 bis 2.700 v. Chr.
Die Schnurkeramischen Kulturen. Kulturen der Jungsteinzeit von etwa 2.800 bis 2.400 v. Chr.
Die Einzelgrab-Kultur. Eine Kultur der Jungsteinzeit vor etwa 2.800 bis 2.300 v. Chr.
Die Schönfelder Kultur. Eine Kultur der Jungsteinzeit vor etwa 2.800 bis 2.200 v. Chr.
Die Glockenbecher-Kultur. Eine Kultur der Jungsteinzeit vor etwa 2.500 bis 2.200 v. Chr.
Die ersten Bauern in Österreich. Die Linienbandkeramische Kultur vor etwa 5.500 bis 4.900 v. Chr.
Die Lengyel-Kultur in Österreich. Eine Kultur der Jungsteinzeit vor etwa 4.900 bis 4.400 v. Chr.
Die Mondsee-Gruppe. Eine Kulturstufe der Jungsteinzeit vor etwa 3.700 bis 2.900 v. Chr.
Die Badener Kultur in Österreich. Eine Kultur der Jungsteinzeit vor etwa 3.600 bis 2.900 v. Chr.
Die ersten Pfahlbauten in der Schweiz. Die Anfänge der Pfahlbauforschung und die Egolzwiler Kultur
Die Cortaillod-Kultur. Eine Kultur der Jungsteinzeit vor

etwa 4.000 bis 3.500 v. Chr.
Die Pfyner Kultur in der Schweiz. Eine Kultur der Jungsteinzeit vor etwa 4.000 bis 3.500 v. Chr.
Die Horgener Kultur in der Schweiz. Eine Kultur der Jungsteinzeit vor etwa 3.500 bis 2.800 v. Chr.
Die Schnurkeramiker in der Schweiz. Eine Kultur der Jungsteinzeit vor etwa 2.800 bis 2.400 v. Chr.

www.ingramcontent.com/pod-product-compliance
Lightning Source LLC
Chambersburg PA
CBHW070838220526
45466CB00002B/811